BEI GRIN MACHT SICH IHR WISSEN BEZAHLT

- Wir veröffentlichen Ihre Hausarbeit,
  Bachelor- und Masterarbeit

- Ihr eigenes eBook und Buch -
  weltweit in allen wichtigen Shops

- Verdienen Sie an jedem Verkauf

Jetzt bei www.GRIN.com hochladen
und kostenlos publizieren

Impressum:

Copyright © 2015 GRIN Verlag, Open Publishing GmbH
Druck und Bindung: Books on Demand GmbH, Norderstedt Germany
ISBN: 978-3-668-05180-5

Dieses Buch bei GRIN:

http://www.grin.com/de/e-book/304334/analyse-von-koffein-und-taurin-in-energy-
drinks

Martin Gansel, Attila Czirfusz

Analyse von Koffein und Taurin in Energy-Drinks

GRIN Verlag

Dipl.-Biol. Martin Gansel, Prof. MUDr. Attila Czirfusz, St. Elisabeth Universität Bratislava

Inhalt

1 Einleitung

Der Begriff „Energy-Drink" (engl. „energy-drink") ist die Bezeichnung für Getränke, die laut Herstellerangaben eine anregende Wirkung auf den Organismus haben sollen.

Energy-Drinks sind in der Konsumwelt allgegenwärtig. Allein im „Energy-Drink-Magazin", das online zugänglich ist, werden 363 verschiedene Produkte aufgelistet[1].

Die besondere Konstante der Energy-Drinks ist der hohe Anteil an Koffein und Taurin, die in keinem Produkt fehlen. Die Wirkung von Koffein auf Zellen ist jedoch vielfältig, wobei hier die anregende Wirkung im Vordergrund steht.

Laut Herstellerangaben befindet sich die Koffeinkonzentration bei allen Proben bei 32mg/100ml (Red-Bull). Die Taurinkonzentration liegt bei 0,4%, was einem Wert von 400mg/100ml entspricht. Dieser Wert wird für den „Monster Energy Drink" auch gesondert ausgewiesen.

Für die genaue Bestimmung dieser beiden Größen ist die Methode der Hochdruckflüssigchromatographie (HPLC) geeignet, bei der die Stoffe durch ein chromatographisches Verfahren bestimmt werden.

2 Inhaltsstoffe der Energy-Drinks

2.1 Koffein

In fast allen Energy-Drinks ist Koffein enthalten. Diese früher auch Teein genannte Substanz wird nach Nomenklatur 1,3,7-Trimethylxanthin ($C_8H_{10}N_4O_2$) benannt und wurde zum ersten Mal von Ferdinand Runge 1819 aus der Kaffeebohne isoliert.

Abb. 1 Struktur des Koffeins[2]

Xanthin ist ein sauerstoffhaltiges Purin-Derivat und ist somit mit den Purin-Basen der Nukleinsäuren verwandt. Koffein wird daher in Pflanzen aus Purinderivaten gebildet[2].

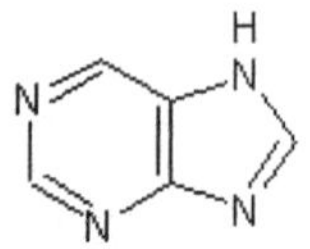

Abb. 2 Struktur des Purins[2]

Die in Deutschland produzierten Energy-Drinks dürfen maximal einen Koffeingehalt von 250mg/l haben, allerdings dürfen sie bis zu einem Gehalt von 320mg/l importiert werden[3,4]. Aus diesem Grund wird Red Bull beispielsweise in Österreich produziert.

2.2 Taurin

Viele Energy-Drinks enthalten auch Taurin, eine Aminosulfonsäure mit der Summenformel $C_2H_7O_3NS$.

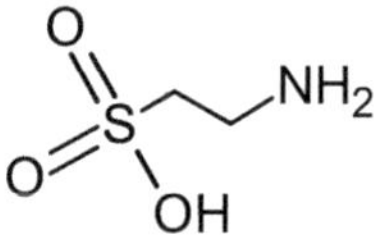

Abb. 3 Struktur des Taurins[2]

Diese Substanz wurde 1827 erstmals aus der Stiergalle isoliert. Der Name Taurin kommt vom lateinischen Begriff „Fel tauri" (Stiergalle). Bereits seit den 1930er Jahren wird Taurin im asiatischen Raum Lebensmitteln zugesetzt. Taurin konnte in der Pflanzenwelt nur in der Kaktusfeige Opuntia ficus-indica nachgewiesen werden, allerdings kommt es bei allen Tierarten vor, in besonders hoher Konzentration bei Meerestieren. In einem erwachsenen Menschen mit ca. 70kg Körpergewicht kommen zwischen 30 und 70g Taurin vor, wobei sich 75% davon in Muskelzellen befinden. Die Aufnahme von Taurin ist sehr stark von der Nahrung abhängig und liegt laut Schätzungen zwischen 0 und 400mg pro Tag[5]. Taurin kann vom Menschen selbst als Abfallprodukt der Aminosäure Cystein hergestellt werden und wird im Stoffwechsel nicht weiter verarbeitet. Im Herzmuskel beträgt der Taurinanteil sogar 50% des dortigen gesamten Aminosäurepools. Man vermutet, dass Taurin die Ca^{2+}-Konzentration im Herzmuskeltätigkeit regelt[6]. In Energy-Drinks, die in Deutschland produziert werden, darf Taurin nur bis zu einer Konzentration von 300 mg/l zugesetzt werden, jedoch dürfen derartige Getränke bis zu einem Gehalt von 4000mg/l importiert werden.

3 Die HPLC-Analyse

3.1 Durchführung

HPLC steht als Abkürzung für „High Performance Liquid Chromatography" (=
Hochleistungs-Säulen-Flüssig-Chromatographie). Diese Untersuchungsmethode bietet im
Vergleich zu den herkömmlichen einige Vorteile: Es wird eine höhere Auflösung der
Trennung erreicht, die Analysendauer wird verkürzt und die Empfindlichkeit beim Nachweis
der getrennten Substanzen wurde verbessert. Entscheidend ist, dass die zu analysierenden
Substanzen in einem Lösungsmittel vorliegen. Daher ist diese Untersuchungsmethode zum
Nachweis von Koffein und Taurin in Energy-Drinks ideal[7].

Die Proben werden dazu jeweils 1:10 mit Reinstwasser verdünnt. Zur Herstellung des
Fließmittels wird 0,2%ige Essigsäure verwendet. Diese wird mit Acetonitril in einem
Volumenverhältnis 85:15 konzentriert. Als Trennsäule wird die Edelstahlsäule LiChrospher
60 RP-select B der Firma Merk verwendet[8]. Die Flussrate des Fließmittels beträgt 1,0 ml/min.
Das verwendete Volumen der Proben beträgt jeweils 10µl, die Säulentemperatur liegt bei
Raumtemperatur. Die Detektion von Koffein erfolgt bei 280nm, die von Taurin bei 340nm
über einen UV-Detektor. Die Laufzeit beträgt 20min pro Probe.

3.2 Ergebnisse

Die folgenden HPLC-Chromatogramme zeigen die Bestimmung von Koffein und Taurin.
Dazu wurde zunächst ein Chromatogramm der Reinstlösung abgebildet. Der Peak von
Koffein und Taurin ist in den Chromatogrammen markiert. Es wurden die Energy-Drinks
„Rockstar", „Monster", Red Bull" und „Red Bull" und „Red Bull Sugarfree" untersucht.

HPLC Koffein:

Reinst/Standard:

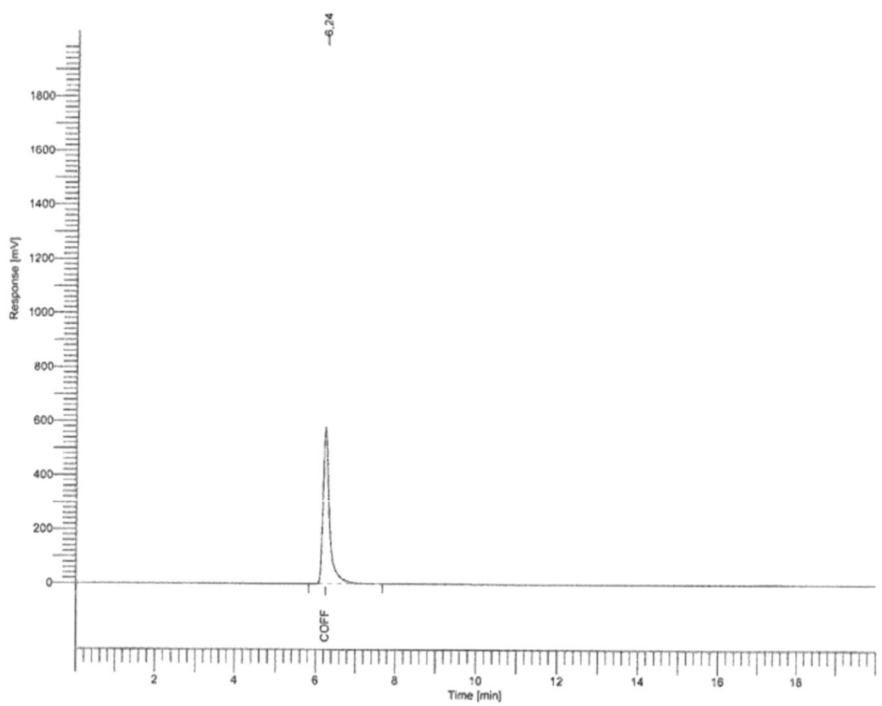

Bestimmung Coffein

Coffein Standard, Int.Bez.: 11-313

Peak #	Time [min]	Component Name	Area [uV*sec]
1	6,242	Coffein	6625507,38
			6625507,38

Rockstar:

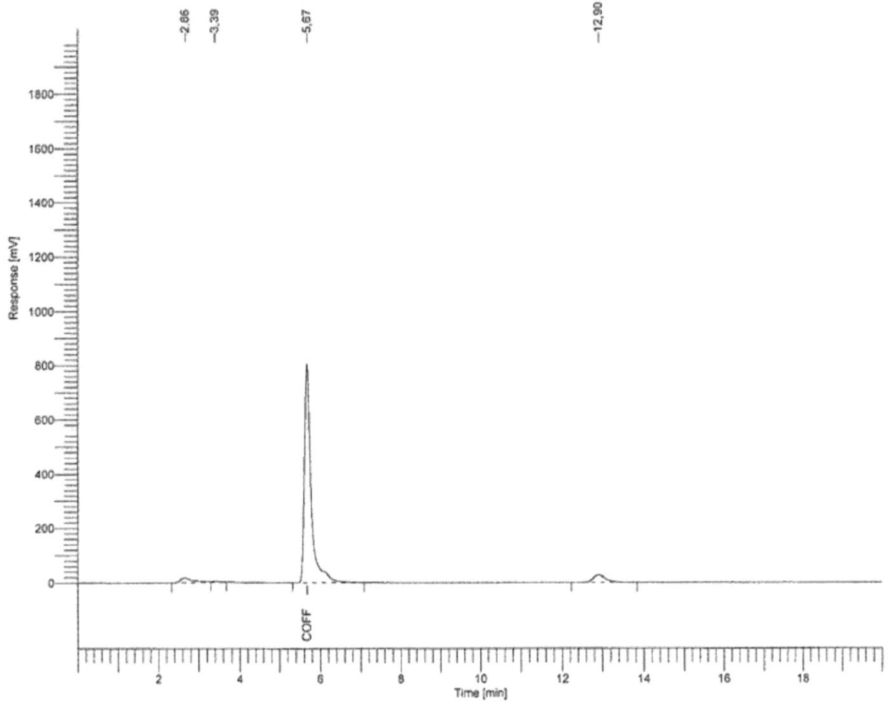

Bestimmung Coffein

1510678-1, Rockstar Energy Drink

Peak #	Time [min]	Component Name	Area [uV*sec]
3	5,668	Coffein	9167266,53
			9167266,53

Monster:

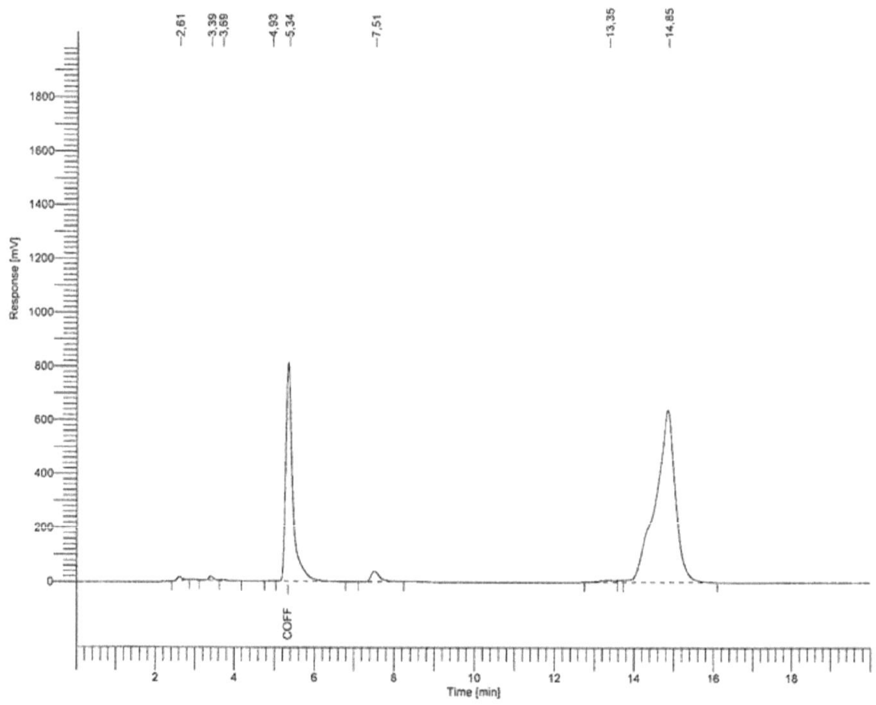

Bestimmung Coffein

1510678-2, Monster Energy Drink

Peak #	Time [min]	Component Name	Area [uV*sec]
5	5,335	Coffein	9641749,72
			9641749,72

Red Bull:

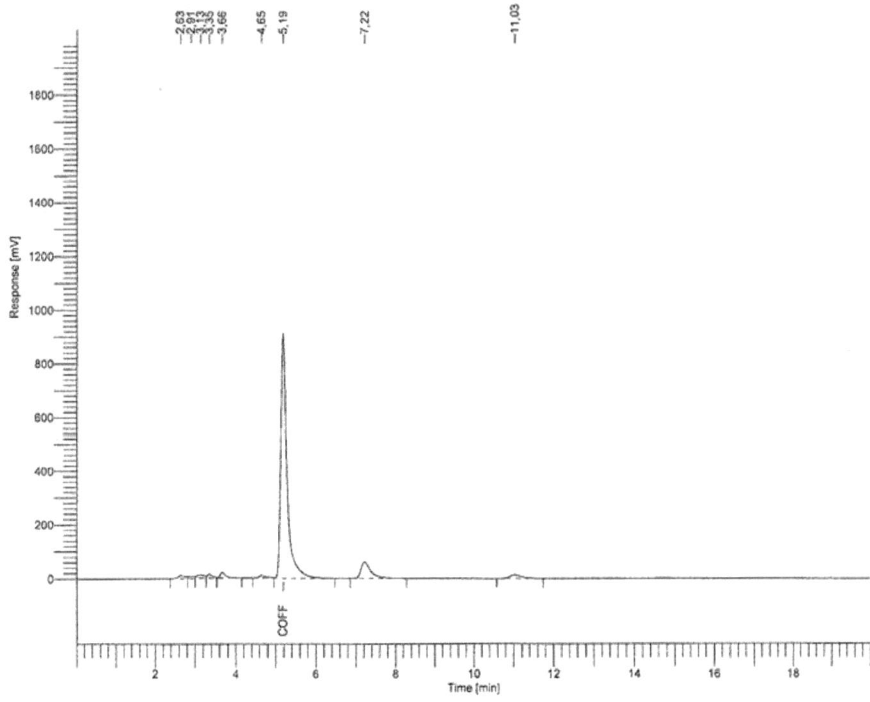

Bestimmung Coffein

1510678-3, Red Bull Energy Drink

Peak #	Time [min]	Component Name	Area [uV*sec]
7	5,185	Coffein	9600791,53
			9600791,53

Red Bull Sugarfree:

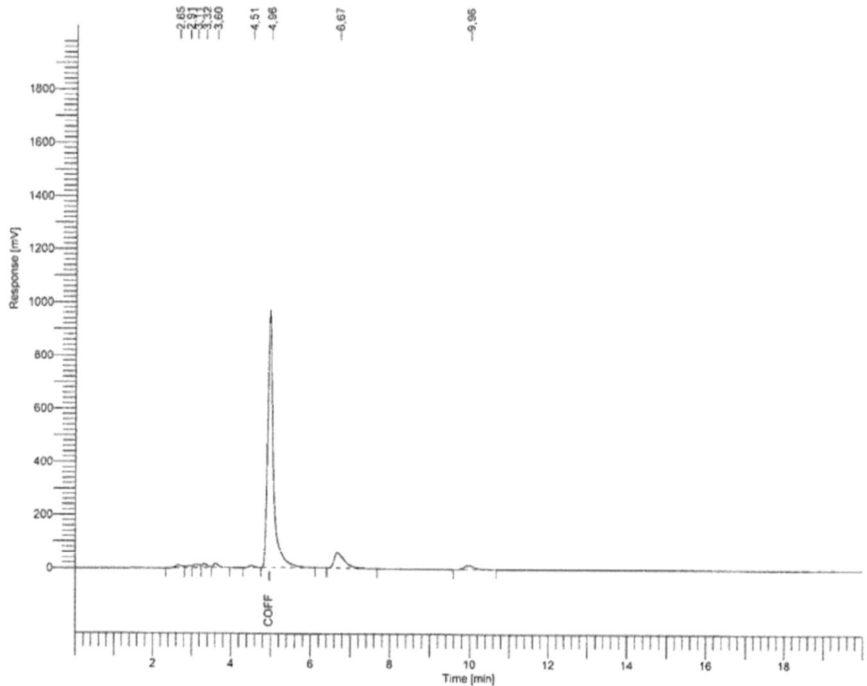

Bestimmung Coffein

1510678-4, Red Bull light Energy Drink

Peak #	Time [min]	Component Name	Area [uV*sec]
7	4,959	Coffein	9758352,88
			9758352,88

HPLC Taurin:

Reinst/Standard:

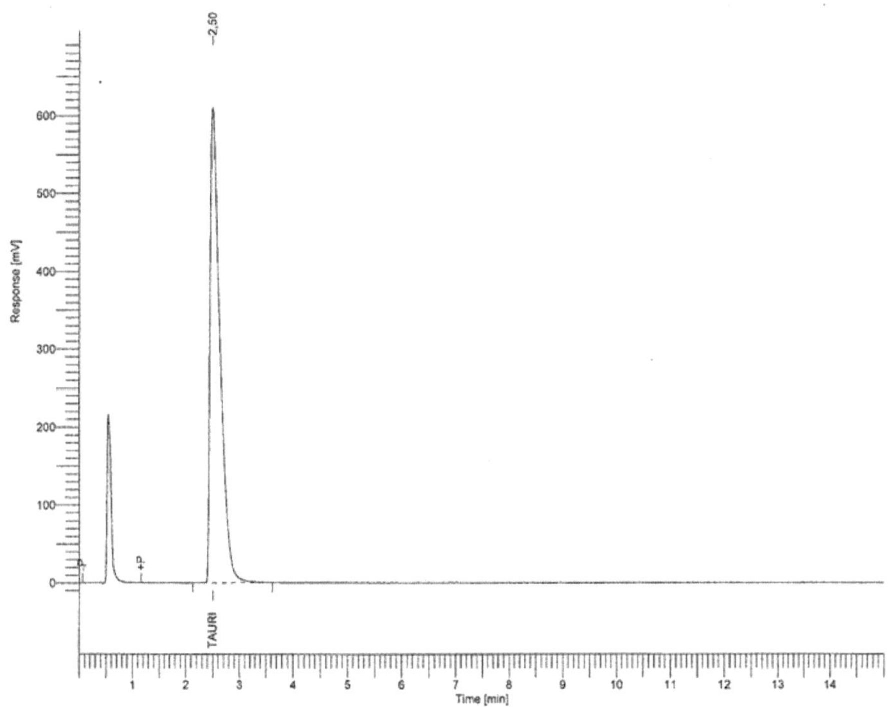

Bestimmung Taurin

Taurin Standard, Int.Bez.: 15-104

Peak #	Time [min]	Component Name	Area [uV*sec]
1	2,503	Taurin	7743362,58
			7743362,58

Rockstar:

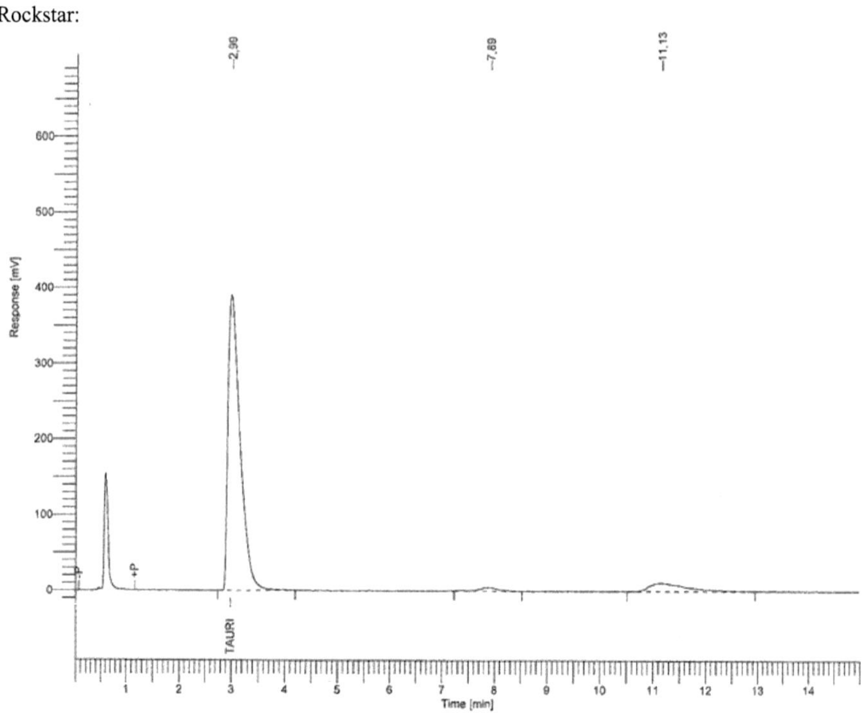

Bestimmung Taurin

1510678-1, Rockstar Energy Drink

Peak #	Time [min]	Component Name	Area [uV*sec]
1	2,985	Taurin	6086556,72
			6086556,72

Monster:

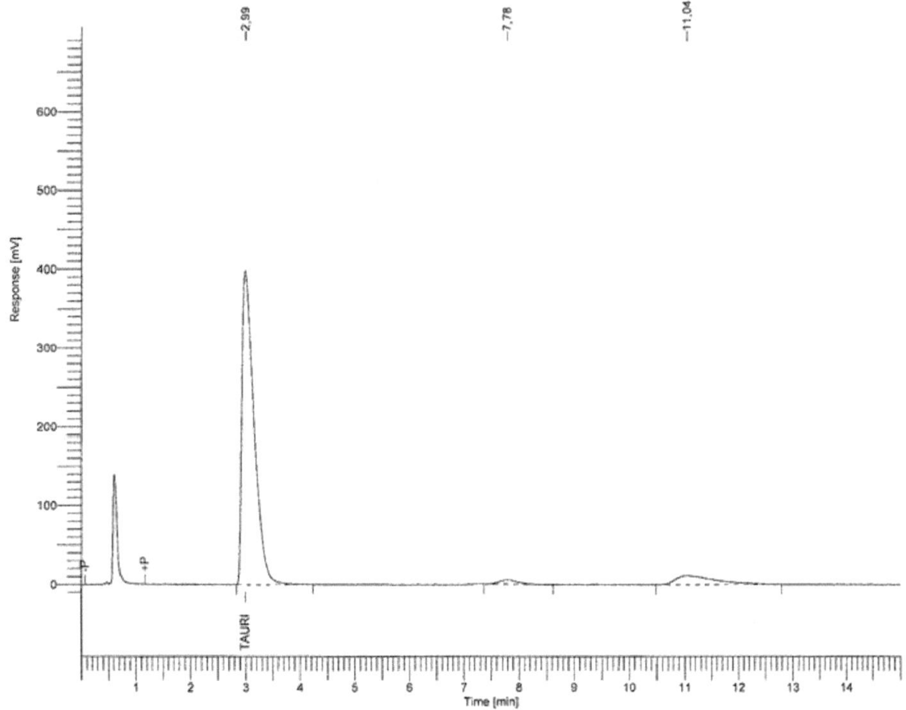

Bestimmung Taurin

1510678-2, Monster Energy Drink

Peak #	Time [min]	Component Name	Area [uV*sec]
1	2,987	Taurin	6130025,47
			6130025,47

Red Bull:

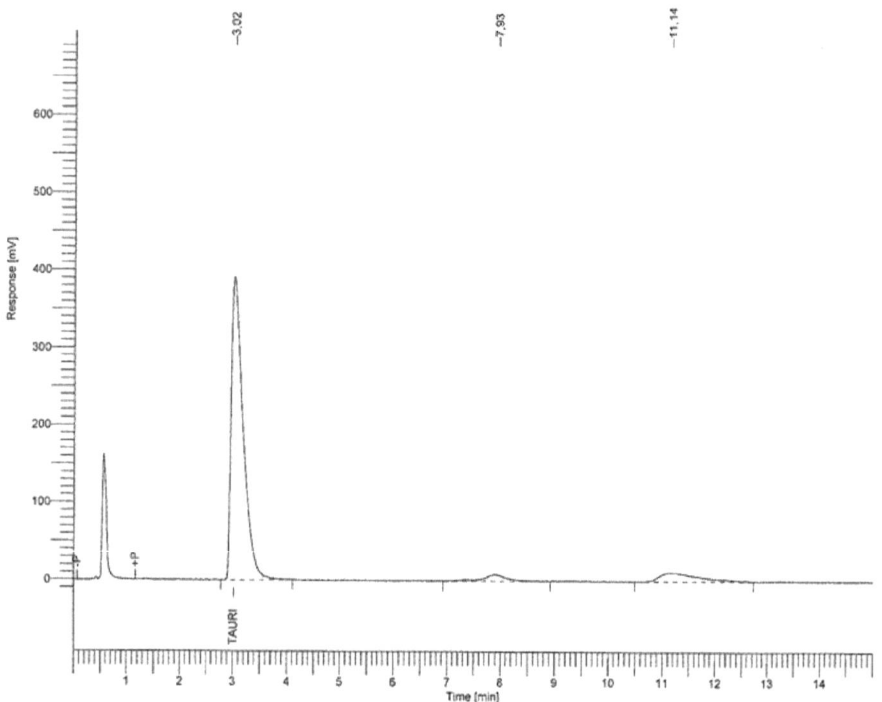

Bestimmung Taurin

1510678-3, Red Bull Energy Drink

Peak #	Time [min]	Component Name	Area [uV*sec]
1	3,016	Taurin	5950760,30
			5950760,30

Red Bull Sugarfree:

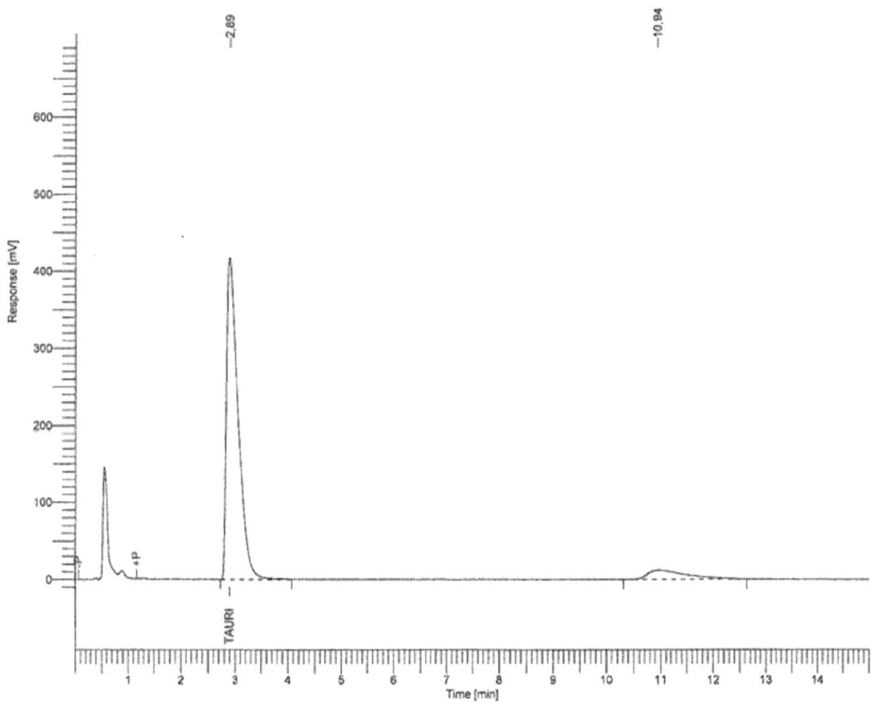

Bestimmung Taurin

1510678-4, Red Bull light Energy Drink

Peak #	Time [min]	Component Name	Area [uV*sec]
1	2,894	Taurin	6337697,31
			6337697,31

17

Die Fläche des Koffein- und Taurin-Peaks wurde für die einzelnen Proben ausgewertet und der Gehalt der Inhaltsstoffe ermittelt:

Prüfgegenstand: Rockstar Energy Drink

Parameter	*Gehalt*	*Einheit*
Taurin	397	mg/100ml
Coffein	27	mg/100ml

Prüfgegenstand: Monster Energy Drink

Parameter	*Gehalt*	*Einheit*
Taurin	403	mg/100ml
Coffein	28	mg/100ml

Prüfgegenstand: Red Bull Energy Drink

Parameter	*Gehalt*	*Einheit*
Taurin	329	mg/100ml
Coffein	28	mg/100ml

Prüfgegenstand: Red Bull Sugarfree Energy Drink

Parameter	*Gehalt*	*Einheit*
Taurin	414	mg/100ml
Coffein	28	mg/100ml

4 Auswertung

Die Untersuchung der Getränke belegt in allen Fällen die Zugabe von Koffein und Taurin. Ein Vergleich mit den Herstellerangaben zeigt, dass die angegebenen Werte grundsätzlich unterschritten werden und somit der Grenzwert von 32mg/100ml bei Importware nicht erreicht wird:

	Rockstar	Monster	Red Bull	Red Bull sugarfree
Herstellerangabe	32 mg/100ml	32 mg/100ml	32 mg/100ml	32 mg/100ml
Messung	27 mg/100ml	28 mg/100ml	28 mg/100ml	28 mg/100ml

Die Untersuchung von Taurin zeigt, dass die Konzentration von Taurin nicht immer genau eingehalten wird:

	Rockstar	Monster	Red Bull	Red Bull sugarfree
Herstellerangabe	400mg/100ml	400mg/100ml	400mg/100ml	400mg/100ml
Messung	397mg/100ml	403mg/100ml	329mg/100ml	414mg/100ml

Die Abweichungen betragen jedoch in den meisten Fällen weniger als 3,5%, wobei nur bei der Probe „Red Bull" der angegebene Wert erheblich, um 17,75%, unterschritten wird. Die Ursache dafür liegt möglicherweise im Herstellungsprozess.
Die HPLC-Analyse zeigt zudem, dass ausschließlich beim Produkt „Monster Energy Drink" ein weiterer signifikanter Peak bei der Retentionszeit 14,8 zu erkennen ist. Das UV-Spektrum dieses Peaks zeigt eine gewisse Ähnlichkeit mit Sorbinsäure, was aber nicht sicher belegt werden kann, da Sorbinsäure in der Regel nicht mit der HPLC nachgewiesen wird. Laut Zutatenliste befindet sich Sorbinsäure als Konservierungsmittel ausschließlich in dieser Probe, was diesen Schluss nahelegt.

5 Quellen

1. https://energy-drink-magazin.de/die-testberichte
2. U.S. National Library of Medicine: ChemID*plus* A TOXNET DATABASE
3. Gesetz über den Verkehr mit Lebensmitteln, Tabakerzeugnissen, kosmetischen Mitteln und sonstigen Bedarfsgegenständen (Lebensmittel- und Bedarfsgegenständegesetz – LMBG), §37
4. Bundesinstitut für gesundheitlichen Verbraucherschutz und Veterinärmedizin: Koffeinhaltige Limonaden mit mehr als 250 mg Koffein/l sowie mit Zusatz von Taurin, Inosit, Glucuronolacton und Guaranaextrakt, Stellungnahme des BgVV vom 24. Januar 2002
5. Eudy AE, Gordon LL, Hockaday BC, Lee DA, Lee V, Luu D, Martinez CA, Ambrose PJ.: Efficacy and safety of ingredients found in preworkout supplements; Am J Health Syst Pharm.: 2013 Apr 1;70(7):577-88. doi: 10.2146/ajhp120118
6. Della Corte, L.: Taurine and Excitable Tissues; Advances in Experimental Medicine and Biology 483; Plenum Press; New York, (2000). Am J Clin Nutr. Aug 2006; 84(2): 274–288.
7. Srdjenovic B, Djordjevic-Milic V, Grujic N, Injac R, Lepojevic Z.: Simultaneous HPLC determination of caffeine, theobromine, and theophylline in food, drinks, and herbal products; J Chromatogr Sci. 2008 Feb;46(2):144-9.
8. https://www.merckmillipore.com/DE/de/product/LiChrospher-60-RP-select-B-%285-%C2%B5m%29-LiChroCART-250-4,MDA_CHEM-150839